CLAUDE BERNARD

ET

LA SCIENCE CONTEMPORAINE

PAR

le docteur A. FERRAND

Médecin de l'hôpital Laennec.

PARIS

J. B. BAILLIÈRE, ÉDITEUR

19, RUE HAUTEFEUILLE, 19

—

1879

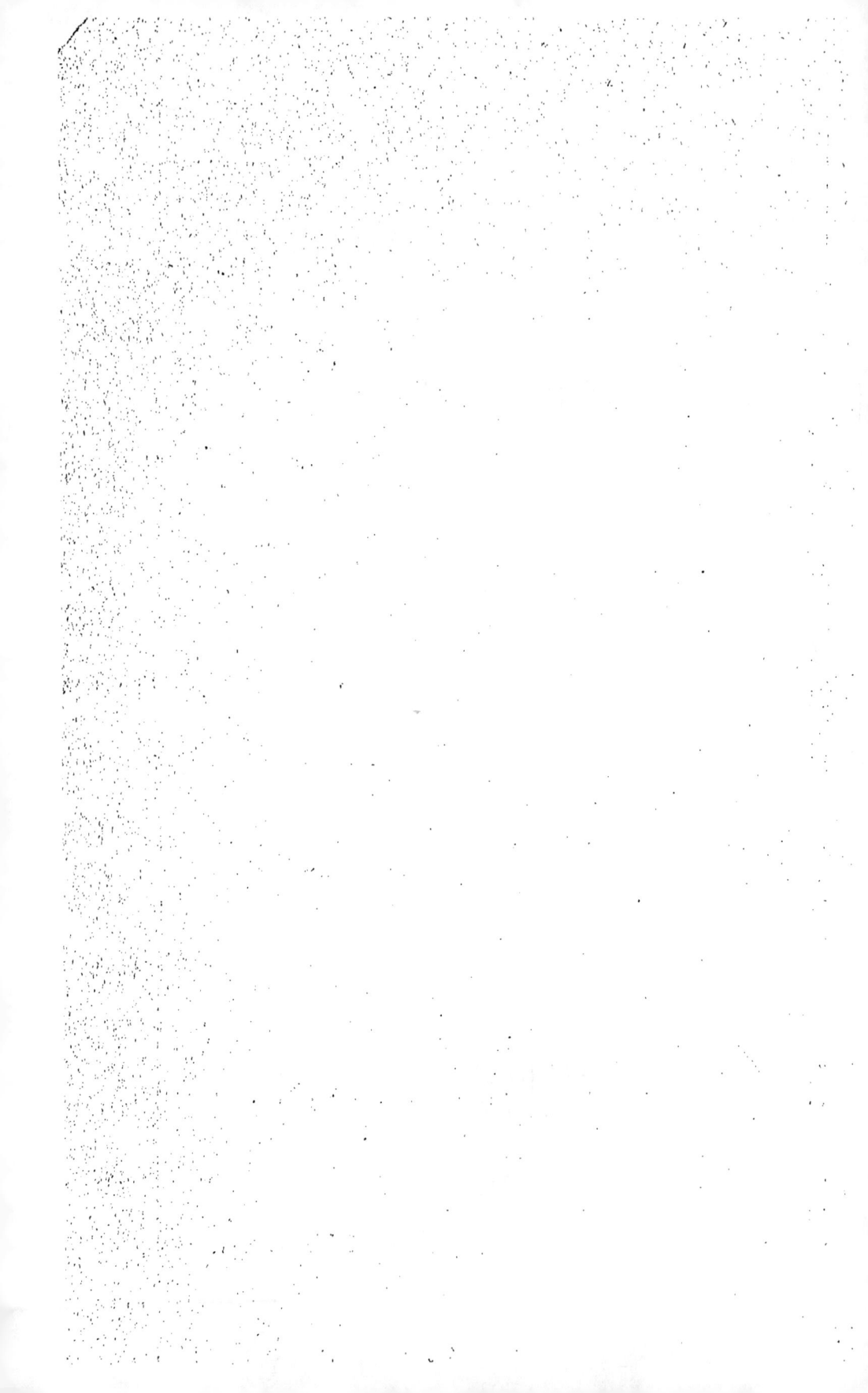

CLAUDE BERNARD

ET

LA SCIENCE CONTEMPORAINE

PAR

le docteur **A. FERRAND**

Médecin de l'hôpital Laennec.

PARIS

J. B. BAILLIÈRE, ÉDITEUR

19, RUE HAUTEFEUILLE, 19

—

1879

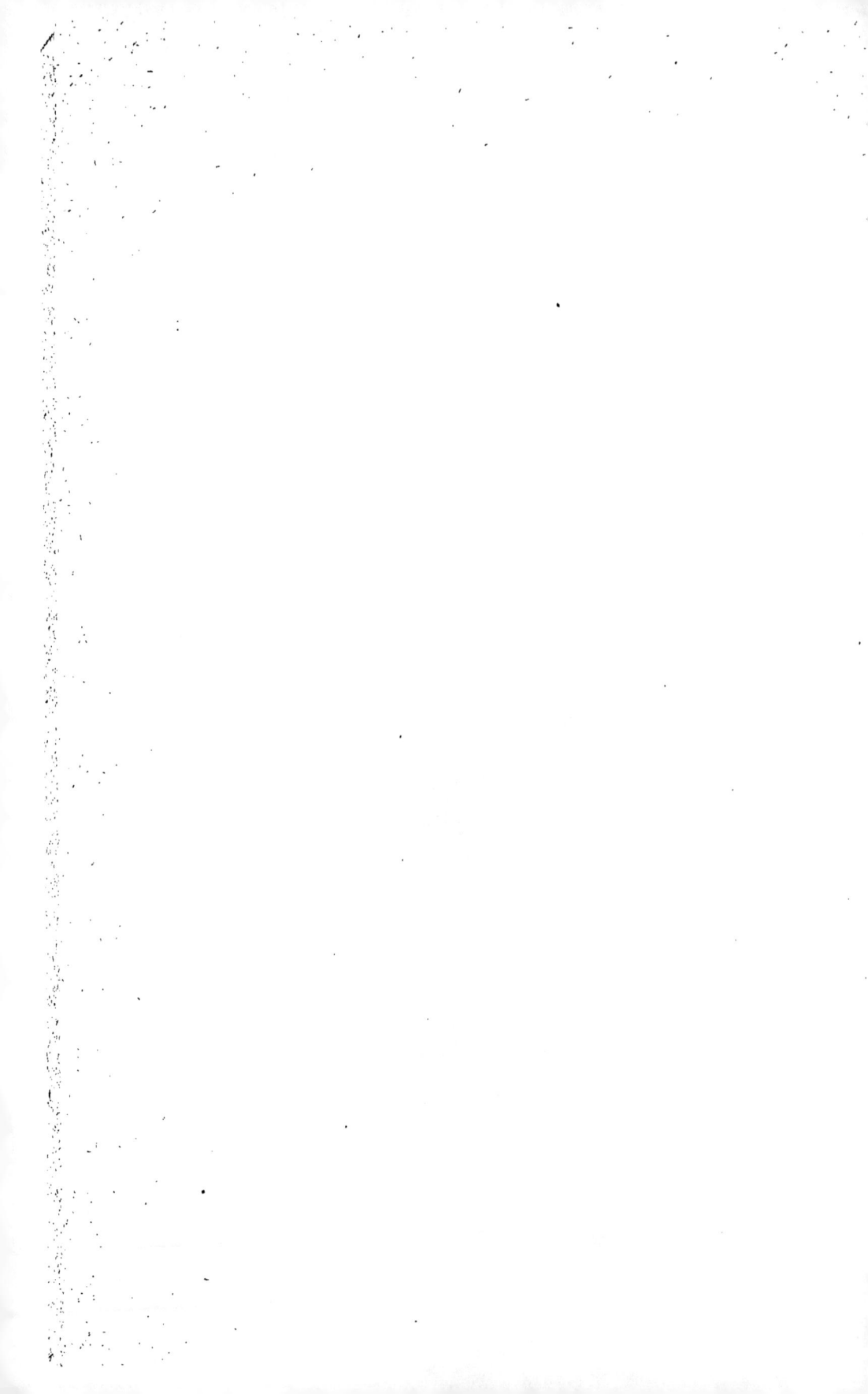

CLAUDE BERNARD

ET

LA SCIENCE CONTEMPORAINE

Sans tomber dans les exagérations singulièrement étroites que prétend formuler la *loi des milieux*, sans croire que l'activité de chaque homme se mesure exclusivement au nombre et à la qualité des influences qu'il subit, on doit penser que ces influences ont leur portée et qu'elles jouent leur rôle dans les manifestations du caractère de chacun.

Parmi ces manifestations, celles qui constituent le travail scientifique ne sont pas les moins dépendantes des circonstances extérieures. On peut en voir comme une preuve, dans l'idée si différente que nous nous faisons du savant, aux différents âges de l'histoire. Le cadre dans lequel nous le trouvons, semble faire partie intégrante du portrait, de telle sorte que l'un ne saurait se concevoir sans l'autre.

Sans remonter aux temps dits préhistoriques, lesquels n'ont ici rien à voir ou à montrer, nous nous représentons le savant de l'antiquité comme un sage, ainsi qu'on l'appelait alors, consacrant sa vie à l'observation des phénomènes de la nature et plus encore peut-être aux méditations que ces phénomènes lui suggèrent, tenant compte et des faits extérieurs et des modifications que ceux-ci lui impriment, et bâtissant d'ores et déjà sa synthèse tout hypothétique, comme si le vrai était là à sa portée et qu'il n'eût qu'à étendre la main pour l'embrasser tout entier. Tout e travail scientifique est pour ainsi dire dans la spontanéité du savant et jaillit de son initiative. Le principe d'autorité n'a pas encore sa raison d'être ; les contemporains eux-mêmes semblent vivre à une telle distance de la caste savante, que leur opinion est sans importance.

Au moyen âge la scène change. L'initiative reste encore permise, au moins dans une large mesure, et l'opinion publique n'est pas plus gênante pour les privilégiés de la science. Mais le principe d'autorité règne en maître, parfois même en despote, contredire Aristote et Platon ! qui donc oserait le faire ?..... D'ailleurs la science, restreinte en ses moyens, au milieu des violences qui traversent les sociétés en formation, s'est réfugiée dans les cloîtres ; ce n'est que sous l'égide des privilèges ecclésiastiques qu'on trouve le calme nécessaire aux travaux de l'esprit et les loisirs sans lesquels il faut avant tout songer aux besoins matériels de l'existence.

Avec le demi-jour de la Renaissance, la lumière tend à se diffuser davantage, et le savant, en même temps qu'il sort des monastères, prend un essor plus hardi. Nous voyons naître ou se développer les plus singuliers systèmes. Les sciences d'observation sont à peine nées qu'elles s'attèlent au char de l'alchimie et de l'astrologie. En médecine, les physiciens et les chimistes se donnent libre carrière et ne rencontrent guère de barrière que dans les excès de leurs mutuelles prétentions. Le savant, c'est le théoricien le plus ingénieux, qui sait confondre dans une mesure séduisante, les théories hypothétiques de l'école et les faits plus ou moins incompris, que l'observation commune a enregistrés. Et la médecine hippocratique, la véritable méthode scientifique, disparaît, noyée dans ce torrent, qui s'appellera bientôt lui-même : la réaction de l'initiative individuelle contre le principe d'autorité.

Avec la Réforme commence une autre période. L'autorité est méconnue et la philosophie se donne libre carrière. L'analyse des aptitudes et des fonctions de l'esprit engendre les systèmes les plus étroits et les plus multipliés, et l'opinion savante ne garde qu'avec peine le crédit qu'elle a refusé à ses propres maîtres.

De ce poudroiement des systèmes il résulte comme une lassitude, une sorte de résignation, en vertu de laquelle les travail-

leurs de l'esprit se circonscrivent à l'observation des phénomènes sensibles. Observer les faits, les enregistrer, les classer,
autant que cela peut se faire, du moins, sans idée systématique,
tel fut dès lors l'objectif des savants dans les sciences naturelles.
De là cette règle, que le meilleur système philosophique consiste
à n'en accepter aucun. Or, le positivisme, qui se propose un tel
objet, excellent comme méthode d'étude, selon Cl. Bernard lui-
même, a cependant, comme les autres systèmes, « le tort d'être
lui-même un système ». (Cl. Bernard, *Introduction à l'étude de la
médecine expérimentale*, p. 387.)

Pour faire aussi radicalement table rase des systèmes philosophiques, on ne saurait bannir de l'esprit de l'homme les aspirations dont il est naturellement possédé et qui l'entraînent vers la
synthèse, vers l'unité. Le besoin de se rapprocher le plus possible
de cet idéal, se trahit toujours à quelque moment et par quelque
échappée. La monture a beau être sévèrement conduite, il se rencontre toujours quelque détour où elle se cabre, devant cette barrière perpétuellement dressée devant elle, et, sans le mors qui la
retient, elle s'élancerait vers l'espace libre pour lequel elle sent
qu'elle est faite.

De même que le coursier ainsi contrarié dans son élan, piétine,
écume, se jette follement soit à droite, soit à gauche, de même
l'esprit auquel on impose le frein du positivisme, ne tarde pas à
tomber dans les plus étranges contradictions.

Tel est bien, à ce qu'il m'a paru, le caractère de la science ac-
tuelle; tel fut en particulier celui de l'homme éminent que la
science vient de perdre. Il peut partager avec elle et les louanges
et les reproches que reçoit sa mémoire.

Le dépeindre est donc une œuvre délicate. Plusieurs l'ont ten-
tée néanmoins. Nous avons de lui déjà un tableau trop idéalisé,
tracé par la main sympathique d'un éminent religieux. Nous en
avons un autre encore, qu'un maître heureusement inspiré, a su
dessiner à grands traits. Le professeur Chauffard nous a légué
dans cette étude, une des dernières qu'il ait produites, hélas !
une appréciation d'autant plus précieuse, qu'ayant pour sujet un
maître éminent dans la science expérimentale, elle a pour auteur
un maître éminent dans la science théorique.

Plus récemment les harangues académiques ont ajouté au
tableau leur magistral coup de pinceau. Mais l'une, ne s'attachant guère qu'aux épisodes d'une existence scientifique pour-

tant bien remplie, affectant d'en indiquer les nuances et d'en noyer les contours, prêtant enfin à Cl. Bernard son propre scepticisme, nous le fait vaguement entrevoir, entre deux paradoxes dont la gloire et la science font tous les frais; l'autre, plus ferme en son dessin, trahissant sous une forme finement courtoise un jugement mieux assis, demeure nécessairement incomplète et s'arrête avant de conclure. M. Renan a imaginé Cl. Bernard, comme il a raconté S. Paul ; M. Mézières ne nous a reproduit que quelques traits de cette grande figure.

Il nous manque donc encore le portrait réaliste, si je puis dire, celui que Cl. Bernard peut nous donner de lui-même et dont les éléments peuvent être puisés dans ses œuvres. Recueillir ces éléments et les joindre ensemble, avec aussi peu d'interprétation que faire se peut, tel est le but que je me suis efforcé d'atteindre.

Après avoir indiqué succinctement ce que fut Cl. Bernard comme physiologiste, ce qu'il se montra dans ses chaires de maître et dans ses œuvres de savant, je me propose de passer en revue successivement ce que fut sa méthode scientifique, quelle fut sa théorie, s'il en eut une, au sujet des sciences médicales, quelle fut sa philosophie, ou à quel titre les philosophes peuvent le revendiquer pour un des leurs ; ce qu'il dit et pensa des spiritualistes et de leurs tendances; enfin, ce qu'il fut en ses actes et quelle moralité nous pouvons tirer de cette étude.

II

« En réalité, il n'est que physiologiste, » a dit M. P. Bert de Cl. Bernard (*la Science expérimentale*, p. 30); mais pour physiologiste, il l'était tout entier. Il suffisait pour s'en convaincre de suivre un de ses cours du Collège de France. Rien n'était plus intéressant, et si cet intérêt ne tenait pas seulement à l'objet de la leçon, il tenait encore moins à la forme dont il la revêtait.

Sans doute il sut entraîner la physiologie dans des voies nouvelles, et par ses études sur les substances toxiques et médicamenteuses en particulier, il a jeté un jour tout nouveau et des plus brillants sur l'ensemble des sciences médicales.

Ses aptitudes à la recherche analytique des conditions des phénomènes, l'ont conduit, peu à peu, à cette idée puissante que chaque poison agit au dedans de nous sur un élément

spécial de nos tissus, et que partout où le poison rencontre cet
élément, il l'altère ou le tue, suivant la puissance et la continuité
de son action. On pense quel intérêt il y a, par exemple, à
voir mourir peu à peu les éléments moteurs du système nerveux,
sous l'influence de l'empoisonnement par le curare; la cellule
nerveuse des centres sensitifs, sous l'influence des anesthésiques;
la fibre musculaire, sous l'action de certains poisons exotiques ou
des sels métalliques, etc., etc. Mais là n'était pas le plus grand
attrait de cet enseignement.

Il était moins encore dans la forme sous laquelle cet enseignement était donné. Là, rien de solennel, rien de ces accessoires qu
emportent si souvent le principal. Pour tribune, une table à expériences; pour siège, parfois un tabouret de laboratoire; pas
de préambules ni de précautions oratoires, et un langage d'où les
phrases sortaient laborieusement, entrecoupées de propositions
incidentes, au milieu desquelles l'idée première disparaissait bien
souvent. Le langage, a-t-on dit, valait ce que valait l'idée (Paul
Bert); non, l'idée valait mieux, bien certainement; mais nul
doute cependant qu'on ne pût voir dans une telle élocution
l'image assez fidèle de cet esprit prompt à concevoir, plein d'aspirations vers la synthèse, retenu par sa timidité et sa modestie
naturelle, lié surtout par une méthode étroite et rigoureuse.

Il y avait autre chose qui passionnait, à vrai dire, les auditeurs
de Cl. Bernard. C'est qu'en suivant ce cours, on assistait pour
ainsi dire au travail d'esprit du chercheur et du savant. On le
voyait reproduire, cette évolution de l'étude scientifique, telle
qu'il nous l'a peinte dans son *Introduction à l'étude de la
médecine expérimentale*, l'idée jaillissant la première et l'expérience venant à son secours, pour la contrôler et l'asseoir. Puis,
au cours de l'expérience instituée pour établir un fait spécial,
celles qu'il fallait instituer encore, pour préciser les faits secondaires et se rattachant au premier. Parfois l'un de ces faits
secondaires prenait à son tour l'importance d'un fait capital; on
le voyait grandir peu à peu sous l'habile investigation du maître,
et prendre, à la surprise de tous, le premier plan, qu'il ne sem-
blait pas devoir occuper tout d'abord. Ou bien encore il arrivait
que le résultat d'une série d'expériences, entreprises pour démon-
trer l'idée préconçue au début de la recherche, aboutissait à un
résultat absolument opposé à cette idée. Et c'était merveille de
voir la modestie et la bonne foi du savant, enregistrer avec em-

pressement ce démenti et ne s'en prévaloir que pour inspirer davantage aux autres les qualités qu'il savait si bien cultiver en lui-
même.

Cl. Bernard aimait à citer ce mot de Pascal : « Nous ne cher-
chons jamais les choses, mais la recherche des choses; » tout en
ajoutant pourtant que c'est bien la vérité qui nous intéresse. (*La
Science expérimentale*, p. 87.) Au cours de Cl. Bernard, c'était
moins le sujet du cours qui attirait que la façon dont le sujet était
comme exploré. C'était bien le maître lui-même qui intéressait
ses élèves par la façon rigoureuse avec laquelle il procédait à ses
recherches, par l'ingénieuse habileté avec laquelle il savait tour-
ner les difficultés qu'il ne pouvait attaquer de front et tirer les
solutions les plus simples des problèmes les plus complexes.

L'intérêt était plus grand encore quand, et c'était souvent le
cas, le professeur exposait à son cours la recherche d'un
problème dont il poursuivait lui-même la solution, en même
temps qu'il l'exposait devant son auditoire. C'était vraiment alors
un spectacle attachant que de voir briller tout à coup, dans l'esprit
de cet homme supérieur les éclairs de l'intuition, et de les suivre
ensuite au milieu des vérifications expérimentales par lesquelles
il les faisait passer, avant de les fixer définitivement dans le texte
lumineux de son enseignement.

Je n'ai pas à insister sur chacun des différents travaux par lesquels Cl. Bernard s'est si magistralement montré physiologiste.
Il suffit de citer ses livres sur les fonctions du foie et sur celles du
pancreas, sur le système nerveux et sur les liquides de l'organisme, sur les nerfs qui règlent la circulation, sur la sensibilité
et sur la chaleur. Alors même que les faits qui sont là exposés, au-
ront cessé d'être nouveaux, alors même que l'originalité de ces
livres se perdra dans une science qui se les sera plus ou moins as-
similés, alors encore, ces œuvres resteront comme des modèles de
méthode scientifique que tous les travailleurs pourront interroger
avec avantage.

Physiologiste! il le fut tout entier; il le fut au point de vouloir
faire rentrer dans le domaine et sous le drapeau de la physiologie
toute la médecine (*Introduction à l'étude de la médecine expérimentale*, p. 257). L'anatomie n'existe que pour elle; la pathologie
n'est autre chose que la physiologie du malade; l'étiologie et le
pronostic relèvent de cette physiologie; et la thérapeutique est
de la physiologie active au premier chef. Les sciences physico-

chimiques sont les instruments de la physiologie et la psychologie n'en est que le couronnement. (Discours à l'Académie française.) Je parle de la psychologie en tant que science d'observation et d'expérience. Enfin, ajoute Cl. Bernard dans un élan dont on peut lire l'expression à la fin de ses études sur le curare (*la Science expérimentale*, p. 314) : « S'il arrive un jour, ce qui n'est pas douteux, qu'à force de travail et de patience la physiologie soit définitivement fondée comme science, alors nous pourrons, par des modifications du milieu sanguin, exercer notre empire sur tout ce monde d'organismes élémentaires qui constituent notre être. » La physiologie nous promet l'empire de notre microcosme ; pourquoi faut-il que ce ne soit qu'une promesse ?

Nous ne suivrons pas le maître dans la voie de toutes ces aspirations, que nous ne croyons pas toutes également justifiables, il s'en faut. Mais à titre d'exemple, qu'il nous soit permis de résumer ici, en quelques mots, ses recherches sur le curare, un de ses travaux dans lesquels apparaissent le mieux ses éminentes qualités et sa précieuse méthode.

M. Pelouze remet à Cl. Bernard des flèches empoisonnées au moyen du curare et du curare en nature. On lui dit qu'une plaie qui est touchée de ce poison devient mortelle et que cependant on peut en manger sans danger. Il commence par constater ces effets toxiques et par établir que l'estomac n'est pas une porte absolument fermée au curare, et il reconnaît dans quels cas le danger peut et doit exister. En graduant la dose et variant ainsi la rapidité et la puissance des effets produits, il constate d'abord que la mort survient par paralysie. Or, la paralysie ne peut survenir que par l'altération de l'un des éléments qui concourent au mouvement. Ce sont l'élément nerveux et l'élément musculaire. Une analyse expérimentale bien conduite ne tarde pas à établir que le sang apporte le poison à ces éléments et que c'est l'élément nerveux qui en subit l'atteinte. Parmi les éléments nerveux, il en est de périphériques, les nerfs, qui sont destinés directement à l'exercice du mouvement, ce sont les nerfs moteurs, tandis que les autres sont les agents de la sensibilité. Or, c'est sur les nerfs moteurs qu'agit le curare. De sorte que les empoisonnés, paralysés de tout mouvement, gardent néanmoins la possibilité de sentir ; et comme les centres nerveux ne subissent pas de la même façon l'influence du poison, il en résulte que, malgré toutes les apparences de la mort, les empoisonnés par le curare gardent jusqu'à la mort réelle, l'exercice de la sensibilité et de l'intelligence; il ne leur manque que les instruments qui servent à les manifester.

Cl. Bernard, arrivé à cette curieuse solution, la reprend en sous-œuvre pour ainsi dire, au moyen d'expériences qui doivent en confirmer l'exactitude, si elle est légitime. Ici se placent les plus ingénieuses tentatives qu'on ait pour ainsi dire jamais imaginées, dans les recherches de la science. Telle est, par exemple, celle qui consiste à prendre une grenouille et à séparer en deux la circulation de l'animal, de telle sorte que le sang qui nourrit le train postérieur soit séparé de celui qui nourrit la tête et le train de devant. Alors l'insertion d'un peu de curare sous la peau du train de devant est rapidement suivie de la paralysie des membres antérieurs, tandis que les membres postérieurs restent mobiles. De telle sorte que cet animal continue à nager du train de derrière, poussant ainsi devant lui son train de devant inerte et paralysé; et chose plus curieuse, si l'on vient alors à piquer ce train de devant, le train de derrière se met aussitôt en mouvement, témoignant que la douleur a été sentie par l'animal.

Je ne sais si j'ai bien fait comprendre tout ce qu'il y a de précis et de certain dans une telle solution, et tout ce qu'il y a d'ingénieux et d'habile, dans la façon dont cette solution est mise au jour. C'est certainement un problème physiologique d'un grand intérêt. Cl. Bernard rapprochait le supplice enduré par les victimes de ce poison, de ceux qu'a inventés l'imagination des poëtes, en nous montrant des êtres sensibles enfermés dans des corps immobiles. La fiction devient ici une réalité, et une réalité non moins certaine qu'elle est terrible.

III

Par sa méthode, Cl. Bernard est un positiviste, il descend en droite ligne d'A. Comte. La trilogie historique, si souvent invoquée dans les œuvres de ce philosophe, revient fréquemment à son esprit et se retrouve sous sa plume. L'esprit humain dans son évolution à travers les âges de l'histoire parcourt successivement, trois phases : c'est d'abord l'âge du sentiment et de la foi, le règne de la théologie et de la théurgie, ou de l'intervention plus ou moins immédiate de la divinité dans l'homme; c'est ensuite l'âge de la raison et du raisonnement, le règne de la philosophie et de la scolastique, le temps où florissent les systèmes; enfin vient la période scientifique proprement dite, celle de l'observation et de l'expérience, celle qu'on a encore appelée du nom d'empirisme. Cette idée est exprimée dans son étude sur le progrès dans les sciences physiologiques (*de la Science expérimentale,* p. 79); elle se retrouve dans le livre de l'*Introduction à l'étude de la médecine expérimentale* (p. 50), avec une application spéciale aux sciences médicales, qui auraient été successivement empiriques, hippocratiques et expérimentales (p. 364); enfin, dans le discours de réception à l'Académie française, la même idée est reproduite avec une forme un peu différente : « Dans ce développement progressif de l'humanité, la poésie, la philosophie et les sciences expriment les trois phases de notre intelligence, passant successivement par le sentiment, la raison et l'expérience. » (*Science expérimentale,* p. 405.)

Toutefois cet enchaînement, même dans l'esprit de notre auteur, n'est pas tellement étroit, qu'on ne puisse trouver des faits qui le contredisent, à moins qu'ici encore il ne se soit contredit lui-même. Après avoir lu ces mots : « Le point de vue expérimental est le couronnement de toute science achevée » (*Introduction,* p. 251), on peut lire plus loin : « Toute connaissance a commencé par une observation fortuite » (*ibid.,* p. 334). Et ailleurs : « L'empirisme doit être considéré comme une période nécessaire de l'évolution de la médecine expérimentale» (*Science expérimentale,* p. 61). Du reste, dans ce même discours à l'Académie, et comme pour corriger ce que pouvait avoir de choquant le rigorisme étroit de la théorie positiviste, il ajoutait : «Il faut encore... que l'expérience, remontant des faits à leur cause, vienne à son tour éclairer notre esprit, épurer notre sentiment et fortifier notre raison.

L'idée d'A. Comte ainsi corrigée se rapproche sans doute beaucoup de la vérité. Elle serait tout à fait exacte si, au lieu de faire de ces trois aptitudes de l'esprit humain, trois facteurs qui s'engendrent successivement, il eût reconnu en elles les éléments utiles et nécessaires à toute acquisition scientifique, dans l'ordre des sciences naturelles du moins, et si, au lieu de leur attribuer à chacune leur âge, il leur eût seulement assigné leur rôle.

Observation et expérimentation sont deux termes dont l'application préoccupe fort Cl. Bernard; il y revient souvent, comme on s'acharne après une mauvaise cause. Le fait est que la différence qui sépare les procédés d'étude, est pour lui capitale dans la distinction des sciences. (*Science expérimentale*, p. 103.) Les sciences naturelles ou d'observation se séparent totalement, à ce titre, des sciences d'expérimentation (*Introduction à la médecine expérimentale*, p. 101), bien que les sciences biologiques comprennent les unes et les autres. Le domaine de l'expérimentation se trouve ainsi accru d'une façon singulière et que le langage trahit en la traduisant. Rien de plus curieux en effet que l'étude approfondie qu'il fait du raisonnement expérimental (*Introduction à la médecine expérimentale*, p. 24); autrement dit, l'art de déduire un raisonnement d'une expérience ou d'une série d'expériences.

Il est certain qu'une telle classification bouleverserait totalement le domaine scientifique, et d'ailleurs, en admettant que le procédé d'étude puisse avoir sa part parmi les éléments d'une bonne classification, il est de bon sens que l'objet de chaque science est encore ce qui la caractérise le mieux et doit passer, à cet égard, avant les procédés d'étude que cette science met en œuvre. Je ne sache pas qu'il y ait grand profit à séparer des sciences expérimentales, à titre de sciences de classification, la zoologie et la botanique, par exemple (*Introduction à la médecine expérimentale*, p. 254). N'est-il pas plutôt évident que la science des plantes comprend l'observation des végétaux, l'analyse de leurs organes, aussi bien que l'expérimentation relative à leurs fonctions; de sorte qu'il y a une physiologie et une anatomie propres aux végétaux? A entendre Cl. Bernard, il semble qu'on devrait étudier la physiologie dans les êtres vivants, abstraction faite des espèces et des règnes. Le fait est que nul n'a su mieux que lui comprendre les grandes harmonies de la physiologie comparée et en réduire les principes à l'unité. Mais ceci ne saurait faire qu'il n'y ait une physiologie végétale, faisant partie de la botanique et une physiologie animale, partie de la zoologie, et que jusqu'à présent il ne faille étudier distinctement ces deux modes spéciaux de l'activité vivante.

Que dire, par exemple, de l'insistance que met Cl. Bernard à rapprocher l'observation de la contemplation inerte et stationnaire, pour leur opposer l'expérimentation, qu'il assimile au progrès et à l'action?

J'aime mieux le montrer se livrant à un habile et chaleureux plaidoyer en faveur des laboratoires de physiologie, pour lesquels

lui-même a tant fait et dont il a su tirer un si heureux parti. Il ne
me déplaît pas non plus de le voir condamner comme illusoires
ou dangereux des procédés d'étude cependant fort employés et
qui reposent tous deux sur l'application des chiffres aux données
physiologiques et médicales.

Après avoir écrit que l'application des mathématiques aux phénomènes naturels est le but de toute science, parce que l'expression de la loi des phénomènes doit toujours être mathématique
(*Introduction à la médecine expérimentale*, p. 227), l'auteur
ajoute que les tentatives de ce genre sont prématurées. La sta-
tistique, dit-il un peu plus loin, ainsi que l'usage des moyennes,
ne peut que nous induire en erreur (p. 235), et il donne plusieurs
exemples à l'appui. Il condamne de même la réduction des phénomènes physiologiques au kilogramme d'animal. Ceci demande
quelque explication : ayant reconnu qu'un sujet de taille moyenne
consomme tant de litres d'oxygène en une heure, si l'on divise
ce chiffre par le nombre de kilogrammes que pèse l'homme en
expérience, il semble qu'on puisse dire quelle quantité d'oxygène
le sujet consomme par kilogramme. C'est ce que font nombre de
physiologistes, surtout de ceux d'outre-Rhin. Outre ce qu'il y a
d'indécent à mesurer l'activité vivante au kilogramme de l'animal en expérience, le maître nous montre ce que cette méthode
offre d'insuffisant et d'erroné.

En somme, la méthode de Cl. Bernard est capable de l'objet
qu'il se propose ; son grand mérite est de l'avoir suivie avec une
grande rigueur et une grande sagesse. La mesure dans laquelle
il y est resté fidèle n'impliquait en aucune façon la tyrannie
étroite du positivisme doctrinal. « La vraie méthode, dit-il en effet (*Du progrès dans les sciences physiologiques*, in *la Science expérimentale*, p. 95), est celle qui contient l'esprit sans l'étouffer...
et le dirige, tout en respectant son originalité créatrice et sa
spontanéité scientifique. »

IV

Cette spontanéité, Cl. Bernard se refuse pourtant à reconnaître
que l'être vivant en est doué ; il semble croire qu'elle implique-
roit un hasard sans loi, un acte sans cause, tandis qu'elle signifie

seulement que l'être vivant trouve en soi sa cause d'action, comme l'a dit M. Chauffard.

Qu'est-ce donc que la vie? — Cl. Bernard s'est posé la question dans une étude des définitions de la vie, où il passe surtout en revue les réponses diverses qui ont été faites à cette grave question. Pour lui, la définition à laquelle il se rattacherait le plus volontiers, est encore celle de l'encyclopédie : la vie est le contraire de la mort ; — ce qui est loin d'être bien positif. Dans l'esprit de Cl. Bernard cependant, cette définition signifie plus qu'elle n'en a l'air. On peut s'en convaincre en lisant dans le même chapitre de la définition de la vie : « C'est la destruction organique opérée sous l'influence des forces physiques et chimiques générales, qui provoque le mouvement incessant d'échange et devient ainsi la cause de la réorganisation. L'organisation est latente, ajoute-t-il, c'est la désorganisation qui est le signe de la vie. » Il serait plus vrai de dire que le travail d'organisation ou de nutrition est silencieux, tandis que l'activité fonctionnelle, qui se traduit par des signes extérieurs, entraîne la désorganisation et l'usure et se peut apprécier au moyen des produits qui en résultent. De là vient que le mouvement de désorganisation a pu sembler plus significatif au savant physiologiste, que celui de l'organisation, non qu'il soit plus caractéristique de la vie, mais parce qu'il est plus facilement et plus exactement appréciable. En effet, ses produits retournent au monde inorganique auquel ils appartiennent, et le mouvement de désintégration dont ils sont le résultat, se rapproche beaucoup, sous ce rapport, des phénomènes de l'ordre physico-chimique.

Si la physiologie n'avait à tenir compte que de cet ordre des fonctions de la vie, on comprendrait que Cl. Bernard ait été organicien, on comprendrait qu'en raison de ces rapprochements, justifiés d'ailleurs, il ait affirmé que les propriétés vitales se résoudront toutes un jour en considérations physico-chimiques (*Introduction à la médecine expérimentale*, p. 161, 353, etc.), et par suite qu'il n'y a pas plus de principe interne d'activité dans la matière vivante que dans la matière brute (*Science expérimentale*, p. 200); enfin que la spontanéité de la matière vivante n'est rien qu'une fausse apparence (*ibid.*, p. 201). Et cependant il convient, quelques pages plus haut (p. 118) que les manifestations vitales ne sauraient être élucidés par les seuls phénomènes physico-chimiques connus. Les mots de matérialisme et de spiritualisme n'ont plus de raison d'être, dit-il souvent, il n'y a même plus ni matière brute ni matière vivante, il n'y a que des phénomènes naturels (*Science expérimentale*, p. 83), et plus loin : La médecine expérimentale ne sera ni animiste, ni organiciste, ni solidiste, ni humorale... mais la négation de tous les systèmes (*ibid.*, p. 163). Ce qui n'empêche pas notre auteur de se prononcer catégoriquement contre l'animisme et le vitalisme, qu'il considère comme des doctrines rétrogrades, capables seulement d'enchaîner le progrès de la science. Cl. Bernard condamne absolument les vitalistes et les dénonce comme hostiles à la véritable science (voir *Introduction à la médecine expérimentale*, p. 103, 105, 108, 117). Le même anathème est lancé et contre l'animisme (*la Science expérimentale*, p. 150) et contre le vitalisme (*ibid.*, p. 179, 183).

J'avais donc raison de dire que, tout en proscrivant les mots et les idées systématiques, Cl. Bernard devait être rangé parmi les organiciens. Peut-être cependant y a-t-il là plus encore une méprise qu'une négation erronée; M. Chauffard fait remarquer en effet, que le vitalisme que condamne Cl. Bernard, est ce vitalisme ontologique, qui personnifie la force vitale pour l'opposer aux forces physico-chimiques, et que le maître a totalement méconnu cet autre vitalisme, selon lequel toutes les conditions de la vie sont physico-chimiques, tandis que sa cause seulement est spéciale et distincte de ces conditions.

Il y a plus, Cl. Bernard fait un grave reproche à Bichat de ses tendances vitalistes et le taxe d'inconséquence sur ce point (*Science expérimentale*, p. 180). Et s'il emprunte quelque chose à la philosophie de Descartes, c'est ce par quoi cette philosophie est le plus nettement organicienne; il cite à plusieurs reprises, comme la plus exacte expression des phénomènes de la vie, cette proposition de Descartes : on pense métaphysiquement, mais on vit et on agit physiquement (*Science expérimentale*, p. 212).

Comment Cl. Bernard devint organicien, cela peut encore se comprendre ainsi : Je montrais tout à l'heure qu'en étudiant la vie dans ses produits, on n'y rencontre guère que le monde inorganique, ce qui porte à tout confondre. La méthode d'étude peut elle-même disposer à ce résultat. En effet, les théoriciens à outrance ont souvent commis la faute d'invoquer le principe de la vie à tort et à travers, pour expliquer les phénomènes les plus simples, j'allais dire les plus physiques. Or, Cl. Bernard, cédant à une réaction dont le principe est juste, conseille de supprimer toujours complètement la vie de l'explication de tout phénomène physiologique (*Introduction à la médecine expérimentale*, p. 352). Et en effet, à mesure surtout qu'on descend dans le détail des opérations physiologiques, il faut de moins en moins se contenter de cette explication banale des actes de l'économié vivante, il faut remonter l'échelle des fonctions physiologiques avant d'invoquer, autre chose, ce qui ne veut pas dire qu'il y ait jamais lieu d'invoquer autre chose.

Du reste, Cl. Bernard n'est pas aussi absolu qu'il en a l'air, car ce *quid proprium* de la vie, il reconnaît qu'il existe; mais c'est dans l'analyse élémentaire qu'il le cherche. La cause de la vie, selon lui, peut être regardée comme résidant véritablement dans la puissance d'organisation qui crée la machine vivante et répare ses pertes incessantes (*le Problème de la physiologie générale*, in *la Science expérimentale*, p. 130). Et, d'une façon plus explicite, il se croit autorisé à dire que c'est dans la substance primordiale protoplasmique que réside l'irritabilité ou la sensibilité initiale de l'être (Association française pour l'avancement des sciences, 1876, in *la Science expérimentale*, p. 235). Or cette substance protoplasmique n'est autre que la matière vivante à son plus bas degré et à ses premiers débuts d'organisation.

C'est la propriété évolutive qui constitue le *quid proprium* de la vie (définition de la vie, in *la Science expérimentale*, p. 210), et les propriétés vitales ne sont en réalité que dans les cellules vivantes (*ibid.*, p. 203). Mais cette propriété n'impliquerait pas une force distincte; malgré ce qu'elle a de spécial, les progrès des sciences physiologiques détruisent cette hypothèse (*du Progrès dans les sciences physiologiques*, in *la Science expérimentale*, p. 50). Ainsi il y a des propriétés spéciales à la vie, ces propriétés appartiennent aux cellules, elles dépendent des mêmes forces que celles qui gouvernent le monde physique, toute la différence gît dans les procédés. Les phénomènes vitaux sont réalisés à l'aide de procédés vitaux et de réactifs chimiques organisés, créés par l'évolution histologique, et par conséquent spéciaux à l'organisme (*le Problème de la physiologie générale*, in *la Science expérimentale*, p. 115).

Or, s'il en est ainsi, si toute la différence entre les phénomènes de la vie et ceux de la matière brute, consiste dans les procédés au moyen desquels leur activité se manifeste, et non dans le principe même de cette activité, c'est l'organicisme qui a raison et Cl. Ber-

nard, malgré les réserves prudentes, malgré les restrictions ti-
mides, malgré les contradictions même qu'il s'impose, Cl. Bernard doit être tenu pour organicien.

J'en pourrais donner d'autres preuves : les organiciens pensent
qu'il n'est pas de trouble dans l'activité des organes qui ne recon-
naisse pour cause une lésion matérielle de ces organes. C'est ce
que professe Cl. Bernard (*les Fonctions du cerveau*, in *la Science
expérimentale*, p. 400-401); admettre le contraire, ajoute-t-il,
serait admettre un effet sans cause. La même affirmation est ré-
pétée par lui en maint endroit de ses œuvres : une maladie essen-
tielle, c'est-à-dire sans lésion, dit-il encore, avec moins de mesure
qu'il n'en met souvent, c'est absurde, car ce serait un effet sans
cause (*Introduction à la médecine expérimentale*, p. 197). Et pourtant, à la page suivante (*ibid.*, p. 198), il ajoute ceci, qui paraît
être contradictoire : « L'anatomo-pathologiste suppose démontré
que toutes les altérations anatomiques sont toujours primitives,
ce que je n'admets pas, croyant au contraire que très-souvent
l'altération pathologique est consécutive et qu'elle est la conséquence ou le fruit de la maladie, au lieu d'en être le germe. »

Cl. Bernard incline fortement vers la doctrine de l'organisme
agrégat, c'est-à-dire que tout corps vivant serait constitué par la
réunion d'un nombre plus ou moins considérable d'organismes
élémentaires microscopiques, dont les propriétés vitales diverses
manifestent les différentes fonctions de l'organisme total (*le Problème de la physiologie générale*, in *la Science expérimentale*,
p. 119). Il va plus loin, et à la fin de son étude sur le curare (*ibid.*,
p. 314), il exprime cette pensée que, connaissant les lois qui ré-
gissent les rapports de ces organismes élémentaires entre eux,
nous pourrons régler et modifier à notre gré les manifestations
vitales.

Ce n'est pas seulement d'une science plus étendue et plus par-
faite que le physiologiste attend le perfectionnement de l'indi-
vidu, il l'attend encore de l'évolution spontanée de sa race. « Les
machines vivantes sont donc créées et construites de telle façon
qu'en se perfectionnant, elles deviennent de plus en plus libres
dans le monde extérieur; mais il n'en existe pas moins la déter-
mination vitale dans leur milieu interne, qui, par suite de ce
même perfectionnement s'est isolé de plus en plus du milieu cos-
mique général. » (*Du progrès dans les sciences physiologiques*, in
la Science expérimentale, p. 46.) Nous sommes ici en pleine sé-

lection naturelle, Cl. Bernard touche la main de Darwin. C'est ce qui ressort encore de cet autre passage : « Rien ne s'oppose à ce que nous puissions produire de nouvelles espèces organisées, de même que nous créons de nouvelles espèces minérales, c'est-à-dire que nous ferions apparaître des formes organisées qui existent virtuellement dans les lois organogéniques, mais que la nature n'a point encore réalisées. » (*Le problème de la physiologie générale*, in *la Science expérimentale*, p. 140.) Ce commentaire n'est-il pas digne d'être proposé aux méditations des partisans de Darwin et aussi, bien qu'à d'autres titres, à celles des philosophes spiritualistes et chrétiens ?

V

« Comme expérimentateur, j'évite les systèmes philosophiques, mais je ne saurais pour cela repousser cet *esprit philosophique* qui, sans être nulle part, est partout, et qui, sans appartenir à aucun système, doit régner non-seulement sur toutes les sciences, mais sur toutes les connaissances humaines..... Au point de vue scientifique, la philosophie représente l'aspiration éternelle de la raison humaine vers la connaissance de l'inconnu. Dès lors les philosophes se tiennent toujours dans les questions en controverse et dans les régions élevées, limites supérieures des sciences. Par là ils communiquent à la pensée scientifique un mouvement qui la vivifie et l'ennoblit ; ils fortifient l'esprit en le développant par une gymnastique intellectuelle générale, en même temps qu'ils le reportent sans cesse vers les solutions inépuisables des grands problèmes ; ils entretiennent ainsi une sorte de soif de l'inconnu et le feu sacré de la recherche qui ne doivent jamais s'éteindre chez un savant.» (*Du progrès dans les sciences physiologiques*, in *la Science expérimentale*, p. 84.)

Que Cl. Bernard fût doué de cet esprit philosophique dont il vient de tracer si largement le caractère, c'est ce qu'on ne saurait nier après cette citation. Nous pourrions en transcrire d'autres encore à l'appui de cette opinion et montrer que ce savant observateur croyait à la vérité, et que, loin de penser que ce qu'il en savait la constituât tout entière, il regardait la science comme constituée par des lambeaux de la vérité (*ibid.*, p. 87).

L'expérience, dit-il ailleurs, vient à chaque pas montrer au savant que sa science est bornée, mais n'étouffe pas en lui son sentiment naturel, qui le porte à croire que la vérité absolue est de son domaine. L'homme se comporte instinctivement comme s'il devait y parvenir, et le pourquoi incessant qu'il adresse à la nature en est la preuve (*Du Progrès dans les sciences physiologiques*, in *la Science expérimentale*, p. 67.)

La science, dit-il encore, ne peut nous conduire qu'à la vérité, et nous tenons pour certain que la vérité scientifique sera toujours plus belle que les créations de notre imagination et que les illusions de notre ignorance (*Le Problème de la physiologie générale*, in *la Science expérimentale*, p. 67.)

Cet homme croyait à la vérité, il croyait aux moyens de l'atteindre. Il est vrai que pour lui, ces moyens se résumaient surtout dans l'usage de la méthode expérimentale. Or cette méthode suppose admis un principe auquel Cl. Bernard avait une foi véritable; c'est le principe de causalité. Il avait même inventé une formule pour désigner ce principe dans ses applications aux conditions immédiates des phénomènes. Il lui donna le nom de *déterminisme*. « La méthode expérimentale a pour but de trouver le déterminisme, ou la cause prochaine des phénomènes de la nature. Le principe sur lequel repose cette méthode est la *certitude* qu'un déterminisme existe ; son procédé de recherche est le doute philosophique ; son *criterium* est l'*expérience*. »

Que le principe de causalité soit ici nettement appliqué, c'est ce que je ne saurais assurer. « Ce que nous appelons cause prochaine d'un phénomène n'est rien autre que la condition physique et matérielle de son existence ou de sa manifestation. » (*Introduction a la médecine expérimentale*, p. 112.) Et en plusieurs endroits de ses œuvres, Cl. Bernard fait comme ici une confusion évidente entre la cause immédiate et les conditions plus ou moins indirectes de la production des phénomènes. Il s'efforce cependant d'éviter cet écueil quand, à propos du déterminisme, il reconnaît que la cause immédiate d'un phénomène doit être unique. Et les exemples qu'il en donne (*ibid.*, p. 144) prouvent que l'application qu'il faisait du déterminisme, valait mieux que sa théorie.

En un mot, dit-il encore, le savant croit d'une manière absolue à l'existence du déterminisme qu'il cherche, mais il doute toujours de l'avoir trouvé (*du Progrès dans les sciences physiologiques*, in *la Science expérimentale*, p. 78). Et plus loin, il ajoute en complétant cette pensée : «Nous avons la certitude de l'existence du déterminisme des phénomènes, parce que cette certitude nous est donnée par un rapport nécessaire de causalité, dont notre esprit a conscience..... mais nous n'avons, d'autre part, aucune certitude relativement à la formule de ce déterminisme, parce qu'elle se réalise dans des phénomènes qui sont en dehors de nous. » (*Ibid.*, p. 82.)

Peut-être trouvera-t-on que la scolastique et la métaphysique, dont Cl. Bernard a dit tant de mal, s'en sont ici bien vengées; non pas que le savant maître ait forfait à ces sciences, mais en ce sens qu'il y sacrifie plutôt, et de la belle façon, de façon à réjouir plus d'un métaphysicien.

S'il eût été plus familiarisé avec les études métaphysiques, le maître eût évité certainement de décrire l'instinct, l'intelligence et la raison comme appartenant, le premier au monde organique, la seconde au monde animal, et la troisième à l'homme (discours de réception à l'Académie française, in *la Science expérimentale*, p. 414); il n'eût pas assigné pour siège à l'intelligence une foule de centres nerveux inconscients, disséminés le long de l'axe cérébro-spinal (*ibid.*, p. 416); il ne nous eût pas montré vaguement l'intelligence se révélant en dehors des êtres vivants dans l'harmonie de l'univers (*le Problème de la physiologie générale*, in *la Science expérimentale*, p. 117); enfin il n'eût pas commis la singulière méprise de reconnaître l'intelligence se manifestant dans les corps vivants sous forme de sensibilité et de volonté. D'autre part, quel est le scolastique qui ne se fût pâmé d'aise devant cette singulière assertion : « Il y a dans toutes les fonctions du corps vivant un côté idéal et un côté matériel. Le côté idéal de la fonction se rattache par sa forme à l'unité du plan de création ou de construction de l'organisme, tandis que son côté matériel répond par son mécanisme aux propriétés de la matière vivante. » (Discours de réception à l'Académie française, in *la Science expérimentale*, p. 430.) Il me semble trouver à cette appréciation philosophique une saveur d'idéalisme qui n'était probablement pas dans les intentions de son auteur. Ce qui prouve que, pour faire tant soit peu de philosophie, il ne suffit pas d'une bonne méthode d'observation, pas plus qu'on ne peut cultiver les sciences d'observation à coups de syllogismes ou à force de raisonnements.

Il est vrai que Cl. Bernard prétend ailleurs qu'il n'y a qu'un mode de raisonnement au service de l'intelligence humaine, et c'est le syllogisme (*Introduction v la médecine expérimentale*, p. 79). Selon lui, le mathématicien et le naturaliste emploient l'un et l'autre la *déduction* (*ibid.*, p. 82). Le mathématicien dit : ce point de départ étant donné, tel cas particulier en résulte nécessairement. Le naturaliste dit : si ce point de départ était juste, el cas particulier en résulterait comme conséquence (*ibid.*). Mais il ne voit pas que ce qui est le point de départ pour le premier, est déjà pour le second un point d'arrivée, et ce n'est que quand le naturaliste veut en faire la preuve qu'il tire les conséquences du principe.

Et cependant, à côté de cette prétention à tout réduire au syllogisme, que lisons-nous? « Les principes ou les théories qui servent de base à une science quelle qu'elle soit ne sont pas tombés du ciel; il a fallu nécessairement y arriver par un raisonnement investigatif, *inductif* ou interrogatif.» (*Introduction à la médecine expérimentale*, p. 80.)

Je ne relèverai pas après cela les accusations que notre auteur fait porter à la scolastique, l'accusant d'orgueil, à cause de sa foi au raisonnement, d'intolérance, à cause de la rigueur de ses procédés, de stérilité, à cause des contestations que rencontrent ses résultats (*ibid.*, p. 88). J'ai montré que Cl. Bernard fut possédé de l'esprit philosophique, qu'il eut toutes les aspirations que comporte la saine philosophie, c'est tout ce que je crois possible sur ce chapitre.

VI

Cl. Bernard fit preuve d'un réel esprit philosophique, mais à quel système philosophique doit-il être rattaché? Vous l'eussiez bien embarrassé sans doute si vous lui eussiez posé la question, ou plutôt il vous eût répondu qu'il entendait bien ne se rattacher à aucun système. Lui qui faisait le plus grand cas des hypothèses, qui recommandait d'accepter les théories comme des hypothèses vérifiées, reconnaissant le rôle important que les unes et les autres doivent jouer dans l'évolution de la science, en raison du caractère spontané de notre esprit (*Introduction à la médecine expérimentale*, p. 285 à 290); lui qui recommandait comme utiles les hypothèses et les théories « même mauvaises » comme pouvant conduire à des découvertes (*ibid.*, p. 299), il condamnait les systèmes comme un ensemble théorique auquel manque la vérification critique expérimentale (*ibid.*, p. 385); il condamnait les doctrines pour le même motif, c'est-à-dire à cause du défaut de vérification expérimentale, sans lequel elles cesseraient selon lui d'être des doctrines, et à cause du caractère d'immuabilité qu'on leur attribue (*loc. cit.*).

Et cependant ne pourrait-on appliquer au système et à la doctrine les arguments qu'il a employés à la défense de l'hypothèse et de la théorie? Quoi qu'il en soit, et quoiqu'il s'en défende parfois, il me sera, je pense, facile de montrer que Cl. Bernard était, par nombre de ses affirmations et par un plus grand nombre encore de ses tendances, un spiritualiste; un spiritualiste implicite, si l'on veut, un spiritualiste qui se dément parfois, sans doute, mais encore un spiritualiste.

J'ai déjà dit qu'il invoquait le nom de Descartes. Comme ce philosophe, Cl. Bernard a la foi la plus entière au raisonnement et à la raison (*Introduction à la médecine expérimentale*, p. 23). La vérité, dit-il, nous apparaît sous la forme d'une relation absolue, nécessaire, d'où il suit que le raisonnement mathématique est certain et n'a pas besoin d'être vérifié par l'expérience (*ibid.*, p. 52). « Nous possédons en effet deux criterium : un, intérieur, conscient, certain et absolu; l'autre, extérieur, inconscient, expérimental et relatif. » Et il ajoute même : « La croyance aveugle au fait, malgré la raison, est aussi dangereuse pour les sciences expérimentales, que les croyances de sentiment ou de foi. Le seul criterium réel, est la raison (*ibid.*, p. 93).

J'ai tenu à citer tout au long ces passages, qui montrent bien que Cl. Bernard était loin d'être le positiviste étroit et absolu qu'on a voulu faire de lui, et qu'il avait, de l'esprit de l'homme et de la science, une tout autre idée que n'en peut avoir le positivisme; on y voit au contraire se manifester clairement les tendances sublimes de cet esprit déjà si élevé.

Le principe absolu des sciences expérimentales est, pour lui, ce qu'il appelle un déterminisme nécessaire et conscient dans les conditions des phénomènes. Les vérités expérimentales reposent sur des principes qui sont absolus, parce que, comme ceux des vérités mathématiques, ils s'adressent à notre conscience et à notre raison (*Introduction à la médecine expérimentale*, p. 94). Je passe sur ce que cette citation peut renfermer d'obscur et je relève ces autres propositions, où se traduit le plus large esprit scientifique : « L'esprit de l'homme a par nature le sentiment ou l'idée d'un principe qui régit les cas particuliers (*ibid.*, p. 83). C'est la théorie qui fait la science (*ibid.*, p. 47). La généralisation seule peut constituer la science (*ibid.*, p. 158). » Ou encore : « L'empirisme ne saurait être érigé en système. » (*Du progrès dans les sciences physiologiques*, in *la Science expérimentale*, p. 61.) Enfin cette autre proposition, dont l'enseignement du maître fournissait si bien la preuve : « Une idée préconçue a toujours été et sera toujours le premier élan d'un esprit investigateur. » (*Ibid.*, p. 79.)

La décomposition de l'économie vivante en éléments plus ou moins distincts et séparés n'a pu lui faire perdre de vue « que l'être vivant forme un organisme et une individualité. » (*Introduction à la médecine expérimentale*, p. 153). Il va plus loin, et s'il comprend que le physicien et le chimiste puissent repousser toute idée de causes finales dans les faits qu'ils observent, le physiologiste, selon lui, « est porté à admettre une finalité harmonique et préétablie dans le corps organisé, dont toutes les actions partielles sont solidaires et génératrices les unes des autres. » (*Ibid.*, p. 154.)

Nous verrons plus tard si ces diverses appréciations peuvent être réunies et groupées en un corps de doctrine ; nous ne voulons pour le moment que constater ce fait : les aspirations spiritualistes de Cl. Bernard. Or ce fait se retrouve encore dans les appréciations qu'il porte sur la vie. Ce problème, que le positivisme a résolu de ne pas aborder, tourmente sans cesse notre auteur. Il y revient toujours, et, comme il a réduit les actes élémentaires de la vie en phénomènes de nutrition et phénomènes de génération, comme il a rapproché l'une de l'autre ces deux fonctions elles-mêmes, il adopte une formule caractéristique pour les signifier et la vie avec elles : la vie, dit-il, c'est la création.

« La vie a son essence primitive dans la force de développement organique, force qui constituait la nature médicatrice d'Hippocrate et l'archée de Van Helmont..... S'il fallait définir d'un seul mot qui, en exprimant bien ma pensée, mît en relief le seul caractère qui, suivant moi, distingue nettement la science biologique, je dirais : la vie, c'est la création. » (*Introduction à la médecine expérimentale*, p. 161.) Et ailleurs : « Si je devais définir la vie d'un seul mot, je dirais : la vie, c'est la création. En effet, la vie, pour le physiologiste, ne saurait être que la cause première créatrice de l'organisme, qui nous échappera toujours, comme toutes les causes premières. Cette cause se manifeste par l'organisation ; pendant toute sa durée, l'être vivant reste sous l'empire de cette influence vitale créatrice, et la mort naturelle arrive lorsque la création organique ne peut plus se réaliser.» (*Du progrès dans les sciences physiologiques*, in *la Science expérimentale*, p. 52.)

Et quelques lignes plus bas, nous lisons encore : « Il y a dans un phénomène vital, comme dans tout autre phénomène naturel, deux ordres de causes : d'abord une cause première, créatrice, législative et directrice de la vie, et inaccessible à nos connaissances ; ensuite, une cause prochaine ou exécutive du phénomène vital, qui est toujours de nature physico-chimique et tombe dans le domaine de l'expérimentation. » (*Ibid.*, p. 53.) Par cette citation on peut présumer comment Cl. Bernard pensait concilier dans son esprit, l'organicisme que nous y rencontrions tout à l'heure et le spiritualisme que nous y trouvons maintenant ; on s'étonnera comment cette association d'idées qu'il condamnait chez Bichat comme une inconséquence, il s'émerveillait de la rencontrer chez Descartes et n'y voyait plus qu'une distinction légitime et heureuse, à laquelle en somme il s'empressait de souscrire.

Cette pensée d'une idée créatrice et directrice de la vie lui est évidemment précieuse, comme un des plus hauts sommets auxquels sa philosophie ait pu atteindre, dans son effort vers la synthèse. Sans doute, dit-il, la création primitive nous échappe complètement dans tous les cas (*le Problème de la physiologie générale*, in *la Science expérimentale*, p, 129.) Et, pensant s'être mis en garde contre toute imputation de religiosité, il n'hésite pas à écrire : « Les mécanismes vitaux..... comme les mécanismes non vitaux... ne font qu'exprimer ou manifester l'idée qui les a conçus et créés. (*Ibid.*, p. 127.) Dans tout germe vivant, il y a une idée qui se développe et se manifeste par l'organisation. » (*Introduction à la médecine expérimentale*, p. 162.)

Toutefois ceci ne va pas encore sans quelques restrictions : «En disant que la vie est l'idée directrice ou la force évolutive de l'être, nous exprimons simplement l'idée d'une unité dans la succession de tous les changements morphologiques et chimiques accomplis par le germe..... Cette conception ne sort pas du domaine intellectuel pour venir réagir sur les phénomènes, pour l'explication desquels l'esprit l'a créée. » (*Définition de la vie*, in *la Science expérimentale*, p. 211.) C'est ainsi que la métaphysique reprend ses droits, et c'est par une pure conception métaphysique, bien avouée comme telle, qu'elle rentre tête haute dans cette philosophie d'où l'on avait prétendu la bannir.

Il ne faudrait cependant pas se payer de mots et nous laisser dans le vague de cette explication qui n'explique rien. Comme le fait remarquer M. Chauffard, une idée directrice ou créatrice représente une puissance, ou n'est qu'un vain mot. L'idée est l'acte d'un principe actif qui la conçoit; c'est ce principe qui est la puissance créatrice et non l'idée. La loi et l'idée ne créent rien par elles-mêmes.

Pour préciser davantage, voyons ce que le maître pensait des fonctions intellectuelles dans leurs rapports avec le cerveau. Il n'hésitait pas d'abord à condamner les physiologistes qui ont cru pouvoir s'autoriser des recherches modernes pour localiser la pensée dans une substance particulière. «...Il n'ont fait en réalité qu'opposer des hypothèses matérialistes à d'autres hypothèses spiritualistes. » (*Des fonctions du cerveau*, in *la Science expérimentale*, p. 371.) «Sans doute, ajoute-t-il, le mécanisme de la pensée nous est inconnu; mais, dit-il ailleurs avec un grand sens, les éléments du cerveau n'ont pas la propriété de sentir, de penser et de vouloir, pas plus que les fibres de la langue et du larynx n'ont la propriété de parler et de chanter. » (Discours à l'Académie française, in *la Science expérimentale*, p. 429.)

Du reste, comment s'y tromper, à moins de le vouloir, quand il prend lui-même la peine d'y insister : «Il faut renoncer, dit-il encore (*des Fonctions du cerveau*, in *la Science expérimentale*, p. 402) à l'opinion que le cerveau forme une exception dans l'organisme, qu'il est le *substratum* de l'intelligence et non son *organe*. » Ainsi, c'est d'après l'observation seule et en raison de la comparaison du cerveau avec les autres organes que le maître conclut ainsi. Ce n'est pas là en effet une opinion à part, réservée à l'organe et aux fonctions du cerveau, car il dit ailleurs d'une façon plus générale : « La matière n'engendre pas les phénomènes qu'elle manifeste. Elle n'est que le *substratum* et ne fait absolument que donner aux phénomènes leurs conditions de manifestation. » (*Le Problème de la physiologie générale*, in *la Science expérimentale*, p. 133.)

Oh! je ne saurais prétendre que la doctrine du maître fût bien pure, ni même qu'elle eût été bien arrêtée dans son esprit. Ce sont des aspirations que je reconnais chez lui plus que des actes

réalisés, mais, dans cette mesure, je crois avoir établi suffisamment que la philosophie de Cl. Bernard était pleine de tendances
spiritualistes.

VII

Qu'il s'agisse de science ou d'art, de politique ou de littérature,
l'esprit qui les cultive tend à se rapprocher le plus possible de
l'unité. Ceux-là même qui s'en défendent le plus ne peuvent se
soustraire à cette impulsion naturelle, et ce sont parfois ceux
qui y cèdent davantage, sans qu'ils s'en rendent compte. Or, il y
a deux moyens de réaliser cette unité, deux moyens entre
lesquels les esprits choisissent selon leurs qualités et leurs
aptitudes.

Il y a ceux qui font de l'objet spécial de leur application le seul
élément de leur activité et qui, négligeant tout le reste, réalisent
l'unité par exclusion. Ces esprits-là peuvent être doués d'une
certaine puissance, ils sont souvent capables d'efforts de travail
considérables, mais ils sont dépourvus de portée et d'ampleur.
Le séparatisme qu'ils pratiquent aboutit à l'isolement; en tout
cas, l'habitude de ne voir qu'une seule chose et toujours sous le
même point de vue, les prive d'un précieux moyen de contrôle,
et leur esprit court le plus grand risque de se fausser à cet
exercice.

Cl. Bernard n'était pas de ceux-là. La vraie science ne supprime
rien, dit-il; nier les choses, ce n'est pas les supprimer (*Introduction à la médecine expérimentale*, p. 390). Et plus loin (*ibid.*,
p. 392) : « La philosophie et la science ne doivent point être systématiques; elles doivent être unies sans vouloir se dominer l'une
l'autre. Leur séparation ne pourrait être que nuisible au progrès
des connaissances humaines. La philosophie, tendant sans cesse
à s'élever, fait remonter la science vers la cause ou vers la source
des choses. Elle lui montre qu'en dehors d'elle, il y a des questions qui tourmentent l'humanité et qu'elle n'a pas encore réso-
lues. Cette union solide de la philosophie et de la science est utile
aux deux, elle élève l'une et contient l'autre. Mais si le lien qui
unit la philosophie à la science vient à se briser, la philosophie,
privée de l'appui ou du contre-poids de la science, monte à perte
de vue et s'égare dans les nuages, tandis que la science, restée

sans direction et sans aspiration élevée, tombe, s'arrête ou vogue à l'aventure. »

Cl. Bernard n'est donc pas de ceux qui tendent à l'unité par la prédominance exagérée de l'un des éléments de l'activité humaine. Mais il est de ceux qui s'efforcent d'atteindre l'unité par l'harmonie de ces mêmes éléments et en particulier par l'harmonie des sciences. « Les lettres, la philosophie et les sciences doivent s'unir et se confondre dans la recherche des mêmes vérités, » disait-il au début de son discours à l'Académie française (in *la Science expérimentale*, p. 405). La vérité du savant ne saurait contredire la vérité de l'artiste (*Physiologie du cœur*, in *la Science expérimentale*, p. 317-318).

En effet, la vérité est la même partout. « Il ne peut y avoir au monde qu'une seule et même vérité, et cette vérité entière et absolue, que l'homme poursuit avec tant d'ardeur, ne sera que le résultat d'une pénétration réciproque et d'un accord de toutes les sciences. » (Discours de réception à l'Académie, in *la Science expérimentale*, p. 406.) Il est difficile de formuler plus nettement et plus heureusement la foi à une synthèse générale des connaissances humaines, synthèse d'où devra sortir la plus éclatante démonstration de la vérité une et totale, autant du moins qu'il nous est permis d'espérer la connaître.

Et ce n'est pas seulement dans l'ordre scientifique que cette harmonie doit être réalisée; il faut la rechercher dans tous les genres d'activité que nous possédons. « L'esprit humain est un tout complexe qui ne marche et ne fonctionne que par le jeu harmonique de ses diverses facultés. » (*Du Progrès dans les sciences expérimentale*, p. 80.) Le sentiment, la raison, l'expérience doivent prendre leur part dans un travail scientifique complet; c'est le trépied sur lequel s'appuie la méthode expérimentale largement pratiquée, telle que la recommande Cl. Bernard (*ibid.*, p. 80). Et dans sa pensée, le sentiment ici, c'est l'intuition, que le raisonnement doit soutenir et que l'expérience doit confirmer.

Et, quant aux faits qui dépassent l'ordre scientifique, loin de les condamner à l'exclusion, le maître veut qu'on les enregistre, que du moins on les réserve. « Je n'admets pas, dit-il, la philosophie qui voudrait assigner des bornes à la science, pas plus que la science qui prétendrait supprimer les vérités philosophiques, qui sont actuellement hors de son propre domaine. » (*Du Progrès dans les sciences physiologiques*, in *la Science expérimentale*, p. 89.)

Sans doute les éléments que ce grand savant s'efforce de réunir et d'harmoniser en une large synthèse ne comprennent pas l'élément surnaturel. L'ordre surnaturel, il ne se demande même pas s'il existe; il ne veut pas s'en occuper, sous prétexte que cela ne relève plus de la raison, et que par conséquent ce ne serait plus de la science. Mais s'il répugne à l'admettre, il se garde bien de le nier.

Un fait dont le déterminisme n'est point rationnel doit être repoussé de la science (*Introduction à la médecine expérimentale,* p. 313). En effet, si l'expérimentateur doit soumettre ses idées au criterium des faits, je n'admets pas qu'il doive y soumettre sa raison; car alors... il tomberait nécessairement dans le domaine de l'indéterminable, c'est-à-dire de l'occulte et du merveilleux (*ibid.*). Mais, encore une fois, si Cl. Bernard rejette les faits irrationnels, ce n'est pas qu'il se refuse absolument à y croire, mais c'est qu'ils doivent être bannis de toute science expérimentale. Bien qu'il ait élargi outre mesure le domaine de la science expérimentale, il n'a pas su l'étendre assez pour y faire entrer l'ordre surnaturel.

Tout ceci n'est-il pas en contradiction avec la tendance, que nous avons bien constatée chez lui, à ne laisser en dehors de l'observation aucune des aptitudes de l'esprit humain?

VIII

Sans vouloir en aucune façon rechercher quelle fut la conduite morale du savant dans sa vie privée, nous avons le droit d'étudier quelle morale il a mise dans ses œuvres et quelle est celle qui en découle. Ce n'est là, à bien dire, que le complément nécessaire de cette étude.

Cl. Bernard a toujours fait preuve, d'une grande modestie. Bien qu'il constate que l'homme se conduit comme s'il devait parvenir à la connaissance absolue (*Introduction à la médecine expérimentale*, p. 141), il n'en professe pas moins solennellement que « nous savons tous bien peu de chose en réalité et (que) nous sommes tous faillibles en face des difficultés immenses que nous offre l'investigation dans les phénomènes naturels. » (*Ibid.*, p. 69.) J'ai déjà dit comment il ne considère la science que comme une partie ou l'un des éléments de la vérité; ajoutons, pour être vrai, que, dans sa pensée, il semble bien que cet élément, considérable d'ailleurs, est le seul que nous puissions atteindre.

Les vérités de foi, en effet, n'en sont pas pour lui. Tout au plus professe-t-il le respect de la tradition. « Dans les sciences expérimentales, le respect mal entendu de l'autorité personnelle serait de la superstition. » (*Introduction à la médecine expérimentale*, p. 73.) Jusqu'ici rien de plus exact ; mais continuons la citation : « Les grands hommes n'ont pas respecté eux-mêmes l'autorité de leurs prédécesseurs, et ils n'entendent pas qu'on agisse autrement envers eux. » (*Ibid.*) Toutefois il ajoute aussitôt : « Cette non-soumission à l'autorité, que la méthode expérimentale consacre comme un précepte fondamental, n'est nullement en désaccord avec le respect et l'admiration que nous vouons aux grands hommes qui nous ont précédés et auxquels nous devons les découvertes qui sont les bases des sciences actuelles. » (*Ibid.*) Les grands hommes, selon lui, ne pourraient être, dans les sciences expérimentales, les promoteurs de ces vérités absolues et immuables qui résultent du temps et de la succession des observations. Et cependant c'est encore Cl. Bernard qui a posé en tête de l'observation l'idée intuitive. Comment donc n'admet-il pas, qu'un homme puisse ainsi devancer l'observation et hâter ou même prévenir de longtemps les découvertes à faire ? C'est que ces idées intuitives ne sont pas pour lui la science, et elles ne deviennent telles que lorsqu'elles ont reçu de la méthode expérimentale la consécration du fait acquis. Je reconnais bien ici la prudence du maître, mais je ne retrouve plus la largeur d'idées du philosophe.

Il y a en effet dans cet homme, comme dans beaucoup d'autres de notre âge, une préoccupation exagérée de liberté, qui fausse quelque peu le mécanisme de sa pensée. La peur de tomber dans un abîme que nous côtoyons nous empêche de marcher droit ; elle nous engage à pencher du côté opposé et nous expose ainsi à d'autres chutes. C'est là la caractéristique d'un grand nombre de savants de notre époque ; elle appartient surtout à ceux qui cultivent les sciences dites d'observation et d'expérimentation. Ceux-ci, en effet, ont plus que d'autres encore, besoin d'une grande liberté d'allures dans leurs investigations, et, dans le besoin qu'ils éprouvent de proclamer la liberté de l'esprit et de la pensée (*Introduction à la médecine expérimentale*, p 75), ils ne se contentent pas seulement de soumettre à l'examen les faits de la tradition et ceux qui relèvent de l'autorité, ils en arrivent presque toujours à bannir *a priori* les uns et les autres, quitte à les rechercher ensuite par les voies lentes et laborieuses de l'analyse expérimentale.

Dans le procès, par exemple, que Cl. Bernard fait aux vitalistes et à ceux qui admettent qu'un principe supérieur à la matière gouverne la vie, il ne se borne pas à les accuser d'admettre une hypothèse qui n'est pas suffisamment vérifiée, à son point de vue. Non, il traite cavalièrement ces conceptions d'idées fausses, de superstition médicale (*Introduction à la médecine expérimentale*, p. 117), et, se livrant à des imputations injustes, comme tout procès de tendance, il les accuse de favoriser l'ignorance et d'enfanter une sorte de charlatanisme involontaire (*ibid.*). Traiter ses adversaires de charlatans sans le savoir, voilà qui sort un peu du cadre de science sévère, modeste autant qu'élevée, dans lequel nous nous étions plu à regarder notre savant.

Sur le chapitre des vivisections, on le trouvera, bien qu'avec plus de raison, encore trop absolu; lorsqu'après avoir émis successivement les excellents motifs pour lesquels le savant doit, sans hésiter, faire sur les animaux toutes les expériences utiles, il ajoute, désespérant de convaincre toutes les répugnances : « Le savant ne doit avoir souci que de l'opinion des savants qui le comprennent et ne tirer de règle de conduite que de sa propre conscience. » (*Introduction à la médecine expérimentale*, p. 180.) Voilà une parole qui dépasse certainement le but et la mesure que son auteur se proposait d'atteindre.

Quant aux expériences sur l'homme, nous ne pourrions trouver une formule meilleure pour en donner la règle : « La morale chrétienne ne défend qu'une seule chose, c'est de faire du mal à son prochain. Donc, parmi les expériences qu'on peut tenter sur l'homme, celles qui ne peuvent que nuire sont défendues, celles qui sont innocentes sont permises et celles qui peuvent faire du bien sont commandées. » (*Ibid.*, p. 177.) La morale chrétienne commande sans doute autre chose encore, mais c'est merveille de voir Cl. Bernard l'invoquer ici comme l'autorité la plus compétente quand il s'agit du respect de la vie humaine.

C'est encore avec une grande satisfaction que nous citerons ici les excellents conseils qu'il donne aux médecins pour l'exercice de leur art. « Un médecin accompli doit non-seulement être un homme instruit dans sa science, mais il doit encore être un homme honnête, doué de beaucoup d'esprit, de tact et de bon sens. » (*Introduction à la médecine expérimentale*, p. 360.)

Il est toutefois une qualité que Cl. Bernard a totalement méi connue et contre laquelle il s'efforce de prémunir le médecin, c'est ce que l'on a appelé le tact médical. (Voir *Introduction à la médecine expérimentale*, p. 96, 244, 339.) Pour lui, le tact est le fait de l'artiste, non du savant; or, il ne veut pas que la médecine soit un art. Il est convaincu que l'appréciation esthétique ne peut avoir pour effet que de suppléer à l'insuffisance de la science, et qu'il importe de plus en plus d'en réduire le champ et d'en diminuer la valeur. Je me garderai d'entreprendre sur ce point une discussion délicate et qui me mènerait trop loin. Le tact est encore aujourd'hui une nécessité de la profession, et il le sera longtemps encore, sinon toujours.

Il est vrai que la médecine pratique est encore, au dire de Cl. Bernard, dans les ténèbres de l'empirisme et qu'elle subit les conséquences de son état arriéré. On la voit encore, ajoute-t-il, plus ou moins mêlée à la religion et au surnaturel. Et il aspire à la voir dépouiller peu à peu ces éléments de l'erreur, pour se borner à la méthode expérimentale, qui est la méthode du libre-penseur (*Introduction à la médecine expérimentale*, p. 76).

On regrette certainement d'avoir à citer de pareilles restrictions à côté de si nobles principes et de si consolantes aspirations. C'est cependant le même auteur qui a écrit ailleurs : «La première tendance de la médecine, qui dérive des bons sentiments de l'homme, est de porter secours à son semblable quand il souffre et de le soulager par des remèdes, par un moyen moral ou religieux.» Il est vrai qu'il ne voit là dans la religion qu'un moyen, qui peut être employé utilement à certains âges des peuples et des hommes (*Introduction à la médecine expérimentale*, p. 352).

IX

Quelle conclusion est-il possible de déduire de cette étude? Est-il d'ailleurs possible d'en déduire une quelconque?

Au milieu des merveilles de l'intelligence et de l'activité humaines qui encombraient naguère le champ de l'Exposition, on ne pouvait se défendre d'une impression grande et profonde. Mais, que de lacunes au milieu de cet ensemble, que de taches au milieu de cet éblouissement, quelles erreurs de goût au milieu de ces chefs-d'œuvre! Il semble que lorsque les hommes se réunissent pour produire, les qualités si diverses qu'ils mettent en commun devraient combler toutes les lacunes et effacer toutes les taches. Hélas! il n'en est rien. Que sera-ce quand un homme seul se mesure avec les difficultés les plus multiples et les plus ardues, parmi celles que nous proposent les problèmes de la vérité? Si grand que soit cet homme, quelque puissance qu'il possède, il a ses défaillances et ses imperfections. Le génie n'en est pas à l'abri; et rien n'est plus rare que ces hommes qui, toujours égaux à eux-mêmes, conséquents et mesurés, poursuivent sans se démentir la carrière dans laquelle ils sont une fois entrés.

Cl. Bernard n'est pas de ceux-là. Enfant des idées et des sentiments de ce siècle, il en partagea les erreurs, s'il en connut les aspirations. Professeur émérite, expérimentateur ingénieux, savant sévère dans sa méthode, organicien dans l'étude de la vie, philosophe par son amour de la vérité, spiritualiste par ses tendances intellectuelles, aspirant à l'unité par l'harmonie des sciences, moraliste profondément honnète, tel est l'homme que nous venons d'étudier.

Mais que de contradictions et de réserves dans ses œuvres! Un de ses admirateurs a constaté que « ses écrits peuvent et ont pu servir, à tour de rôle, à tous les souteneurs de thèse.» (P. Bert.) Voilà qui est significatif et qui m'autorisait certainement moi-même à le dire peu de jours après sa mort (*Union médicale*, 1878):

Les académiciens ont leur destinée, comme les livres, (*Sua fata*). Cl. Bernard à ce titre méritait d'être jugé par M. Renan. Hâtons-nous d'ajouter que les contradictions et les inconséquences de notre maître, en trahissant le peu de sûreté de sa doctrine, ne sauraient nous faire suspecter sa franchise. Que M. Renan les approuve, cela ne saurait nous surprendre, mais cela ne saurait non plus les justifier. M. Mézières, n'a pas manqué d'en juger ainsi; il a bien su le faire entendre.

Et pourquoi douterait-on aujourd'hui que Cl. Bernard ait pu faire une mort chrétienne? Le contraire ne me paraîtrait pas moins étonnant. Que cet excellent homme se soit converti, c'est possible. Il l'a pu faire, d'abord, par condescendance pour une amitié qui n'aurait pas su comprendre le dévouement sans le prosélytisme. Mais nul de nous n'a le droit de porter sur ces actes suprêmes des jugements qui sont fatalement sans appel. Nous ne nous sentons ici ni le droit, ni le goût, de dire rien autre chose que cette divine parole : « Paix aux hommes de bonne volonté. »

12799 — PARIS IMP. JULES LE CLERE ET Cⁱᵉ, RUE CASSETTE, 17.

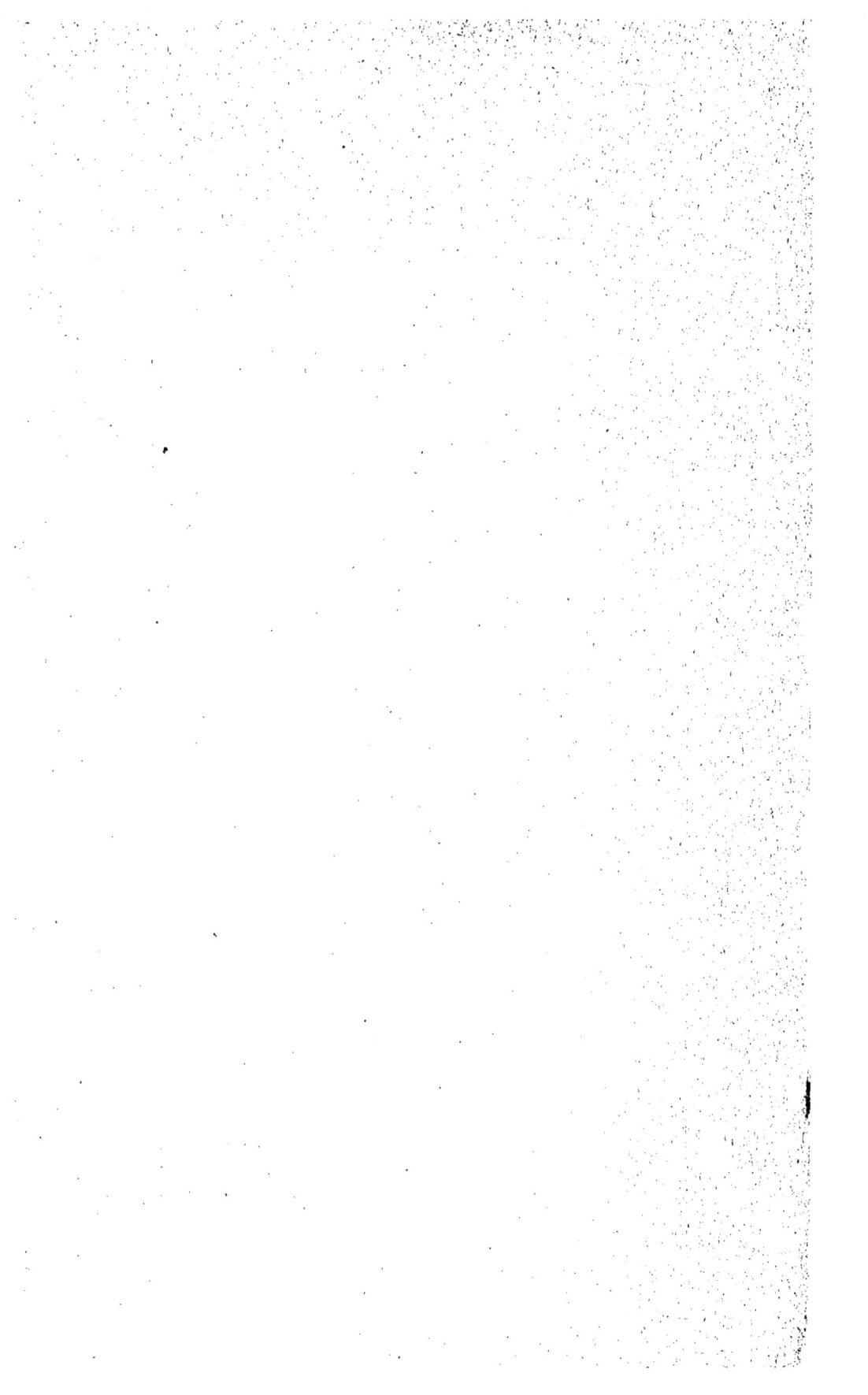

PARIS. — IMPRIMERIE JULES LE CLERE ET C⁰, RUE CASSETTE, 17.

www.ingramcontent.com/pod-product-compliance
Lightning Source LLC
Chambersburg PA
CBHW071424200326
41520CB00014B/3571